我的第一套视觉百科

# 沙　漠

张功学◎主编

陕西新华出版传媒集团

未 来 出 版 社

# 前 言

　　什么是沙漠？沙漠中除了一望无际的沙子外，就再没有别的什么吗？在王维的诗中，沙漠是"大漠孤烟直，长河落日圆"那样壮阔、荒凉的美；在纪录片中，沙漠是迎着夕阳，沿着沙丘远远而来的驼队；在有些人的印象里，它还可能是白骨森森、寂寂如地狱的死亡之地……不同的人对沙漠有不一样的理解，有人畏惧，有人就爱它的神秘。

　　沙漠果真如此吗？走近沙漠，我们会慢慢发现，沙漠并不是死气沉沉。这里有顽强的生命，这里有可贵的矿床，它并非你想象的那样干涸而缺少生机。

　　在这本书中，我们将为你讲述有关沙漠的知识。简洁的文字，精美的图片，带你走进奇异的沙漠世界。

# 目 录

# 认识沙漠

沙漠是指地面完全被沙覆盖、植物稀少、缺乏流水、气候干燥的荒芜地区。说起沙漠，人们首先想到的是漫天飞舞的黄沙和一望无际的沙丘。但沙漠真的如此没有生机吗？

**海市蜃楼**

在沙漠中长途跋涉的人，发现远处有建筑物、湖泊，这可能不是真实的，而是空气、阳光因为折射等原因，将很远处的影像反映出来造成的假象，这就是海市蜃楼。

▲ 沙漠

## 真实的沙漠

沙漠里人迹罕至，动植物种类稀少，几乎没有草和树。但如果有水源，沙漠里也会形成生机勃勃的绿洲。

▼ 沙漠景象

# 沙漠的形成

全世界的沙漠都不是一夜间出现在地球上的，是经历了很长的时间，由风将沙粒不断地从远处搬运过来，逐渐累积形成的。沙漠可以变绿洲，而人类的破坏也可以让草原或良田变成沙漠。

**风化**

风化是指地壳表面岩石在受到阳光、风、水、气温变化、生物活动等外力的长期联合作用下，发生破坏或化学分解的现象。

## 气候原因

气候干燥，降雨量小、蒸发量又大的地带，往往容易形成沙漠。因为干燥缺水难有植物生存，没了植物保护，裸露的地表就会孕育出沙漠。

## 水土流失

水土流失是指土壤在水的浸润、冲击作用下，结构发生破坏而随水散失的现象。黄土高原上的水土流失就是下大雨时，水冲刷裸露的地表造成的。

## 沙子来源

沙漠里的沙子是由风从很远的地方吹过来，日复一日、年复一年积累下来的。没有沙子，沙漠就不容易形成。

▶ 强风

## 风力助推

强风不仅为沙漠带来了大量的沙子，还是沙漠地形的塑造者。在搬运沙子的过程中，风为沙漠打造出大片的沙丘。

## 土地沙化

土地因受侵蚀或水土流失等原因含沙量增加即土地沙化，多发生在干旱地区。土地一旦沙化，将很难再有植物生长。

## 人为因素

人类砍伐森林、过度放牧，会让植被遭到严重破坏，进而导致水土流失。没有了植被固定土壤，土地很容易风化、沙化，也更容易形成沙漠。

▶ 砍伐森林

# 沙漠气候特点

气候是一个地方多年天气状况的综合,它既包括多年的平均天气状况,也包括极端的天气状况。晴热、干旱、少雨、多风沙的沙漠气候,是降水、光照、温度和风等共同作用的结果。

## 日照时间长

沙漠地区因为空气干燥,水汽少,所以上空的云层很薄。再加上大部分沙漠都处在太阳直射区,因此沙漠里的日照时间比较长。

## 昼夜温差大

沙漠里到处都是吸热快、散热也快的沙子。白天沙子被晒热,沙漠里温度升高;晚上沙子散热后,温度又会骤降。昼夜温差有时能达到几十度。

### 沙漠气候

热带沙漠气候:常年晴热、干燥、少雨、多风沙,比如撒哈拉沙漠、卡拉哈里沙漠、阿拉伯沙漠。

温带沙漠气候:"早穿棉、午穿纱,抱着火炉吃西瓜",比如我国的塔克拉玛干沙漠、蒙古的大戈壁。

▲沙漠地貌

**降水量**

　　降水量是指一定时间内,降落在水平地面上的水,在未经蒸发、渗漏、流失情况下所积的深度,通常以毫米为单位。它是衡量一个地区降水多少的基本数据。在沙漠地区,一年的降水量比湿热、多雨的热带雨林要少很多。

## 缺水少雨

　　沙漠地区的降水不仅少,降水时间和降水量也非常不稳定,有时接连数月滴雨不下。

## 风力强

　　沙漠里因为缺少植物,所以刮起风来无遮无拦,显得特别大。强劲的风肆无忌惮地掀起沙子,转眼就能将人和动物埋在沙丘下。

**气候**

　　气候指的是大气在几个月,或者一个季度、一年,也可能是一个世纪等较长时期内,表现出来的比较稳定的状态,通常用冷、热、干、湿来描述气候特点,沙漠的气候特点就是干、热。

# 各大洲的沙漠

　　沙漠是干旱气候的产物，它是世界上面积最广的荒漠。全球的沙漠面积约占陆地总面积的十分之一，主要分布在非洲、亚洲、美洲和大洋洲。

## 非洲的沙漠

　　非洲是世界上沙漠面积最广的大洲。在非洲北部，撒哈拉沙漠从靠近地中海沿岸一直蔓延到大陆内部，横跨东西两岸。

**本纳斯沙漠**

　　本纳斯沙漠位于西班牙东南部的安达卢西亚海岸，它不仅是欧洲唯一一个真正的沙漠，也是欧洲最干旱的地区。气候湿润、雨量充足的欧洲竟然也有沙漠，是不是有些意外？

## 亚洲的沙漠

　　亚洲的沙漠面积仅次于非洲，不仅西亚的阿拉伯半岛几乎全是沙漠，在中亚同样有大面积沙漠分布。

## 美洲的沙漠

　　在北美洲，最大的沙漠是墨西哥境内的奇瓦瓦沙漠；在南美洲，拉克依斯马拉赫塞斯沙漠以白色沙丘和沙丘间的蓝色池塘闻名天下。

▼ 艾尔斯岩

## 大洋洲的沙漠

　　大洋洲四面被大洋包围，但在澳大利亚仍形成了澳大利亚沙漠。它是世界第四大沙漠，由大沙沙漠、维多利亚沙漠、吉布森沙漠和辛普森沙漠四部分组成。

**艾尔斯岩**

　　著名的艾尔斯岩就在广袤的澳大利亚沙漠中，它是目前世界上最大的整块不可分割的单体巨石，迄今已有数亿年历史。巨石最为神奇之处是会变色，不同时间石色各异。

# 我国的沙漠

　　我国是沙漠比较多的国家,西北是沙漠最为集中的地区。沙漠虽然给人们的生存带来了困难,但人类的活动从未在这里止步。从古老的丝绸之路开始,这里便成为古代商旅前往西域的必经之路。

## 腾格里沙漠

　　腾格里沙漠位于内蒙古自治区阿拉善左旗西南部和甘肃省中部边境,是我国第四大沙漠。

## 塔克拉玛干沙漠

　　塔克拉玛干沙漠位于新疆维吾尔自治区南部、塔里木盆地中部,是我国最大的沙漠。

## 古尔班通古特沙漠

古尔班通古特沙漠位于新疆维吾尔自治区准噶尔盆地中央，是我国第二大沙漠。

## 柴达木沙漠

柴达木沙漠位于青海省柴达木盆地西北部，海拔 2500~3400 米，是我国地势最高的沙漠。

### 沙漠物质来源

我国各大沙漠的沙质有的来源于古河流的冲积物，比如塔克拉玛干沙漠；有的来自现代河流冲积物，比如塔里木河中游沙漠；还有的来自岩石风化的残积物，比如鄂尔多斯中西部高地上的沙丘。

# 景观与现象

　　沙漠里不仅有沙丘和绿洲，还有河流，它们相互作用构成了沙漠独特的景观，也孕育出了各种奇异的自然现象。虽然沙漠里环境恶劣、气候干燥，但仍有很多人因为这些景观和现象而对沙漠满怀热情。

**敦煌**

　　敦煌位于甘肃省西北部，是古代中国通往西域、中亚和欧洲的交通要道——丝绸之路的必经之处。这里以莫高窟而闻名天下，莫高窟里藏有很多价值连城的珍贵壁画。

▶ 敦煌莫高窟

## 美丽的月牙泉

　　月牙泉位于敦煌市南鸣沙山北麓，泉呈月牙形，清澈见底，是沙漠中一处奇观。这里处在沙丘的环抱之中，景色雄浑壮丽而不失秀美之姿。

## 月牙泉怎么来的

　　对于月牙泉的形成有多种说法，有人认为它是古河道残留湖，有人认为是由于地下断层渗泉，也有人认为是因为风蚀岩层使得泉水外泄而形成。

▼ 月牙泉

## 鸣沙山

鸣沙山位于甘肃省敦煌市南。游客从山顶往下滑时，沙粒随人体下坠，鸣声不绝于耳。山以此得名。

▶ 鸣沙山

### 风城

风是沙漠的塑造者之一。我国新疆的乌尔禾四季多风，据统计，这里每年要刮 300 多次风，7 级以上的风不少于 40 次。因为风沙大，常发出尖厉的呼叫，令人生畏，故又被称为"魔鬼城"。

## 沙为什么会发声

有人认为沙子发声是因为沙粒摩擦产生静电，是静电产生了响声；也有人认为细沙在流动中产生旋转、共振、共鸣，这才有了响声。

## 高耸的"蘑菇"

在沙漠地带，时常会看到形似蘑菇的巨大岩石。这些"大蘑菇"并不是天生的，而是被沙漠中的强风吹蚀出来的。

11

# 沙漠里的沙丘

在沙漠中常能看到蜿蜒起伏的沙丘，这些沙丘是由风的作用堆积而成的。在干燥的气候条件下，风和沙质地表相互作用，受到地形条件影响而形成有着各种形状、能流动的沙丘。

## 沙丘的形成

沙丘主要由风吹而堆成，多呈丘状、垄状或新月状。沙丘有的会稳步向前平移，有的会跳跃式前进。

**沙丘**

沙丘指的是小山、沙堆、沙埂，或者在风的作用下形成的其他松散物质，通常出现在海岸、河谷或者干燥的沙漠地区。沙丘的形状多种多样，有的还可能形成城堡、蜂窝等样子。

## 风推沙走

风是沙丘移动的动力。沙粒受到风的推动，沿着地面向前逐步移动，当遇到某个障碍物时，沙子便在顺风的一侧堆积起来。

## 风大沙"跳"

当风速过大时，风将沙粒刮起，吹移一段距离后落下。沙子经过多石的地表时，可被弹起几米高，遇到障碍物后便堆积起来。

▲ 新月形沙丘

## 新月形沙丘

新月形沙丘是一种典型的沙漠地形。虽然平面图上略似月牙形，但月牙尖向上延伸，伸向新月外侧，最终形成"U"形。

### 流动沙丘

流动沙丘是指位置容易变化的沙丘。它的主要特点是容易顺风向移动。流动沙丘往往出现在地表植被非常稀少的地方。

13

# 沙漠里的河流

一切生物的生存都离不开水。在沙漠地区，由于干旱少雨，水分缺乏，许多植物都难以生存，更不用说别的动物和人类。所以水在沙漠地区显得异常珍贵，没有水，沙漠就成为真正的死亡之地。

## 沙漠里的"母亲河"

那些流经沙漠的河流常常被称作沙漠地区的母亲河。在它们流经的区域，人们开垦农田、辛勤劳作。河流不仅养育了沙漠中的动植物，也为人类提供了生存之地。

### 克里雅河

克里雅河位于新疆塔里木盆地南部，发源于昆仑山。它滋润于田县绿洲后，流向塔克拉玛干沙漠腹地，最终消失在达里雅布依。

## 跨越撒哈拉

尼罗河是世界上最长的河流，其中很长的河段都流经沙漠，并跨越撒哈拉沙漠，河水水量在沙漠里只有损失而无补充。

▼ 尼罗河

### 塔里木河

塔里木河由发源于天山山脉的阿克苏河、发源于喀喇昆仑山的叶尔羌河及和田河汇流而成，曾经是罗布泊的水源之一，它也是我国最大的一条内流河。

▼ 黄河

## 搬石运沙

黄河是世界上含沙量最大的河流。黄河出青铜峡后流至河口镇(即托克托县河口村),沿河所经区域大部分为荒漠和荒漠草原。

▲ 科罗拉多河

## 生命线之河

科罗拉多河是北美洲的主要河流之一。它流经北美洲辽阔的干旱和半干旱地区,可称为北美"西南部的生命线"。

# 沙漠里的绿洲

在浩瀚无垠的沙漠里，绿洲犹如一颗翡翠，璀璨而夺目。充满生机而又脆弱的绿洲，顽强地与恶劣的沙漠环境抗争着，成为沙漠中的生灵赖以生存的家园。

▼ 利比亚沙漠中的绿洲

## 生命庇护所

绿洲是指在沙漠中有植被覆盖的地区。它不仅是沙漠中的人口聚集地，还是往来商旅和贸易者的补给站。

## 绿洲的水源

绿洲的水源多为高山融水或降水，渗入地下与地下水汇流聚集而成。

## 波斯湾边的绿洲

卡提夫绿洲地处波斯湾东海岸，以泉水和棕榈树最为出名，地下泉水丰沛。绿洲处在一片棕榈树林的环绕之中，格外美丽。

**波斯湾**

　　波斯湾简称"海湾"，位于阿拉伯半岛和伊朗高原之间。西北起阿拉伯河河口，东南至霍尔木兹海峡，是世界著名的石油盛产地。

## 沙漠里的小村庄

　　华卡齐纳绿洲位于秘鲁伊卡城内的一个小村庄。游客在这里不仅能看到梦幻般的海市蜃楼景象，还能参加具有当地特色的沙漠冲浪比赛。

◀ 华卡齐纳绿洲

**秘鲁**

　　秘鲁是南美洲国家，北邻厄瓜多尔和哥伦比亚，东邻巴西和玻利维亚，南接智利，西濒太平洋，安第斯山脉纵贯南北，东部又有亚马孙雨林，首都利马被誉为"不雨城"。

▲ 利马阿玛斯广场

17

# 最古老的沙漠

纳米布沙漠位于非洲西南部的纳米比亚境内,它形成于约8000万年以前,是世界上最古老的沙漠。纳米布沙漠是一片凉爽的海岸沙漠,以艳丽的红色沙丘闻名天下。

## 靠近海岸

纳米布沙漠位于非洲西南部边缘,大西洋沿岸。这里有著名的骷髅海岸。

▼ 骷髅海岸

### 骷髅海岸

骷髅海岸介于大西洋和纳米布沙漠之间,这里水情复杂,暗礁遍布,常有海雾出现,非常危险。因为海岸上到处都是船只残骸,甚至人兽尸骨,所以被称为骷髅海岸。

## 古老的植物

百岁兰是纳米布沙漠中一种十分奇妙的植物。它根茎发达,能够忍受极为恶劣的沙漠环境,寿命可达百年以上。

▼ 百岁兰

**纳米比亚**

　　纳米比亚位于非洲西南部，北与安哥拉、赞比亚接壤，东邻博茨瓦纳，南接南非，西濒大西洋，全年气候温和，干旱少雨。该国矿产资源丰富，钻石生产驰名世界，首都为温得和克市。

▶ 钻石

## 干燥而少水

　　纳米布沙漠干旱的气候已持续了约 8000 万年，这种干燥的空气是因沿岸的本格拉寒流下沉而形成的，其年降水量不足 10 毫米。

## 奇异的蛇

　　纳米比亚侧行蛇是一种爬虫类冷血动物，身体细长，没有脚，也没有可活动的眼睑，身体表面覆盖有鳞片，是有名的有毒蛇种。

▲ 纳米比亚侧行蛇

# 世界第一大沙漠

撒哈拉沙漠是世界上最大的沙漠。撒哈拉沙漠几乎占满非洲北部，这里高地多石，山脉陡峭，遍地是沙滩、沙丘和沙海，仅有少量绿洲。

## 恶劣的气候

撒哈拉沙漠位于非洲北部，这里的气候条件恶劣，年降水量非常少，是地球上最不适合生物生存的地方之一。

### 撒哈拉

"撒哈拉"是阿拉伯语的音译，在阿拉伯语中"撒哈拉"指的就是大荒漠，这个叫法源自当地游牧民族图阿雷格人的语言。不过在科学家的分类中，沙漠只是荒漠的一种类型。

### 石漠

石漠常常出现在干旱地区大山的山坡，或者某些风蚀洼地与干河洼地的底部，地面被岩石碎块覆盖。这些散落的石块是由于昼夜温差较大，水分渗入岩石缝隙，岩石崩裂而产生的。

## 地形多样

撒哈拉沙漠的干旱地貌多种多样，主要由石漠、砾漠和沙漠组成。石漠多分布在地势较高地区，砾漠处在石漠和沙漠之间。

## 植物稀少

撒哈拉沙漠属于典型的沙漠气候,终年炎热,干燥少雨,因而植物难以生存,植物种类和数量极其稀少。

### 尼罗河

尼罗河,有青尼罗河和白尼罗河两条支流。发源于埃塞俄比亚高原的青尼罗河是尼罗河下游水流的主要补给来源,而白尼罗河则是两条支流中比较长的。

## 矿产丰富

20世纪50年代之后,人们在撒哈拉沙漠中陆续发现了石油、天然气、铀、铁、锰等矿藏。这些矿产资源的开发,为当地的经济发展带去了无限动力。

▶ 沙漠石油管道

21

# 世界第二大沙漠

阿拉伯沙漠位于西亚的阿拉伯半岛上，因为地处北非撒哈拉沙漠以东，又称东部沙漠，它是仅次于撒哈拉沙漠的世界第二大沙漠。

## 干热缺水的气候

阿拉伯沙漠属于热带沙漠，这里夏季异常酷热，最高气温在50℃以上，降水量非常稀少。

▲ 阿拉伯半岛卫星图

### 碎石圈现象

阿拉伯沙漠有一种非常奇特的碎石圈现象。它是一整块的大石头经过数百年热胀冷缩，一次次碎裂以后，在地面形成的一片圆形的碎石圈，那整齐的程度就像人工摆放的一样。

## 最多的和最少的资源

阿拉伯沙漠地区拥有极其丰富的天然气、石油资源，但最为缺乏、最为珍贵的却是水资源。为了得到水，这里兴建了很多海水淡化处理厂。

## 随处可见的枣椰树

阿拉伯沙漠动植物种类繁多，其中最常见、最出名的植物应该是海枣。海枣也叫枣椰树，它的果实正好和它的名字相反，叫椰枣。

◀ 枣椰树

### 浑身是宝的枣椰树

枣椰树是阿拉伯沙漠重要的果树作物之一。它们树形美观，常被作为观赏植物。其实它们浑身是宝，不仅果实能吃，花朵汁液能制糖，叶子还能造纸，就连树干都能用来造房子。

## 形成的原因

虽然阿拉伯沙漠三面环海，但因为处于热带，再加上这里盛行的偏偏是由内陆吹向海洋的离岸风，两个原因相互作用，导致这里气候干旱，最终形成了阿拉伯大沙漠。

23

# 最干燥的沙漠

　　阿塔卡马沙漠位于南美洲西海岸中部，安第斯山脉和太平洋之间，大部分位于智利境内。由于大气环流和地形的影响，这里成为世界最干燥的地区之一。

## 世界干极

　　阿塔卡马沙漠的气候非常干燥，雨量极为稀少。这里曾创下过持续400年不下雨的世界纪录，是名副其实的"世界干极"。

**安第斯山脉**

安第斯山脉是世界上最长的山脉，位于南美洲的西岸，从南美洲的南端延伸到南美洲最北面的加勒比海，就像一道绵延不绝的屏障。因为它纵贯南美洲大陆西部，也有"南美洲脊梁"的称号。

## 气候成因

　　由于东部的安第斯山脉挡住了亚马孙河形成的湿空气，还有沿岸秘鲁寒流带来的冷水，阿塔卡马沙漠上空降水很难形成，这才成了世界干极。

**大气环流**

　　大气环流指的是在全世界范围内的、大规模的大气运行现象。某一地区、某个长时期内的大气运动现象，或者短时间的天气变化都可以称为大气环流，这是全球大气循环的重要方式。

## 盛产硝石

阿塔卡马沙漠盛产硝石，20世纪初年产量达到300万吨，曾一度垄断世界市场。

▲ 硝石

**智利**

智利位于南美洲，是世界上地形最狭窄的国家。智利矿产资源丰富，最著名的矿产就是硝石，是世界唯一盛产硝石的国家。因为铜的蕴藏量也丰富，所以智利还有"铜之王国"的美称。

▲ 智利铜矿

## 神奇的月亮谷

阿塔卡马沙漠中还有一片特殊的区域，其地理构造如同月球一样，因此被地理学家赋予一个美丽的名字——月亮谷。

▶ 月亮谷

# 沙漠植物

沙漠常被人喻为死亡之地，这里黄沙漫漫、干旱缺水，常会让人望而却步。然而，这些并未能让生命在沙漠中绝迹，沙漠中仍然生存着许多顽强的植物。

## 仙人掌

仙人掌是常见的沙漠植物。它为适应沙漠的缺水环境，叶子演化为短短的小刺，既可减少水分蒸发，又可阻止动物吞食。

▶ 仙人掌

### 仙人掌"树"

在南美洲的沙漠里，时常能看到长得很高的仙人掌，简直就跟树一样。据新闻报道，有人曾在墨西哥境内发现一株巨型仙人掌，高达十几米，可谓世界上最大的仙人掌。

## 梭梭树

梭梭树生命力顽强，它的种子只需要一点点水，便能在两三个小时内生根发芽。即便在干旱的沙漠中，梭梭树依旧能繁殖生长。

▲ 梭梭树

## 骆驼刺

骆驼刺是一种根系发达的沙漠植物，叶子像小刺，又尖又硬。因为骆驼特别喜欢吃这种植物，所以得名骆驼刺，它也是沙漠中骆驼唯一能吃的草。

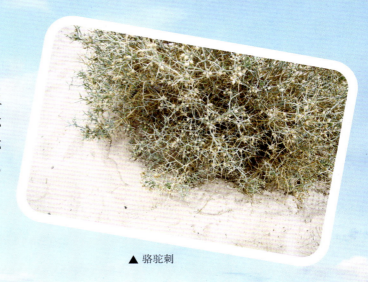

▲ 骆驼刺

### 瓜果之乡

地处我国西北内陆的新疆，四周高山环绕，沙漠众多，雨量较少，气候干燥，昼夜温差很大。不过这种气候却孕育出了新疆很多特有的水果，比如哈密瓜、葡萄。这些水果色泽鲜艳，味道香甜，新疆因此被称为"瓜果之乡"。

### 不长叶子的树

光棍树最早生长在非洲，为适应气候炎热、干旱少雨、蒸发量大的严酷环境，光棍树的叶子越来越小，直到现在成为不长叶子的树。它之所以不长叶子，是为了减少水分蒸发。

## 天宝花

天宝花因花色近于玫瑰而被称为沙漠玫瑰。它们耐干旱、耐酷暑，喜欢高温干燥和阳光充足的环境，是少有的花色艳丽的沙漠植物。

▼ 天宝花

27

# 沙漠动物

　　烈日炎炎的沙漠经常让人类望而生畏，止步不前。然而，就在这让人类生畏的沙漠中，却也生活着一些不畏酷暑的动物。它们凭借各自的生存本领，在人迹罕至的沙漠中自由自在地生活。

## 储水御热

　　沙漠中的动物，首先要面对的就是炎热的气候。在长期的严酷环境考验下，这些动物都有了保持自身水分和抵抗高温的能力。

### 骆驼

　　骆驼被称为"沙漠之舟"，是人类穿越沙漠的重要运输工具和伙伴。它们非常能忍饥耐渴，在沙漠缺水少粮的情况下，仅凭驼峰贮存的能量，就可以不吃不喝坚持好几天。

▲ 沙漠中的驼队

## 昼伏夜出

　　白天沙漠里烈日当空，所以黎明和日落后的几个小时内，大多数的哺乳动物和爬行动物才会走出洞穴，出来觅食活动。

**跳鼠**

　　跳鼠是一种体型较小的动物，须长，嘴小，头大，眼大。毛色多为沙黄色，这样的体色与沙漠环境极其相似，能很好地隐蔽自己。

▶ 沙蜥

## 变色调温

　　沙蜥能通过改变体色来控制体温：清晨为黑色；当气温升高时又变成土色，来反射过多的热量；而到黄昏时又会再次变色适应环境。

**鸵鸟**

　　在非洲沙漠中，有一种体形巨大、不会飞、奔跑速度非常快的鸟，这就是鸵鸟。它们虽然不能飞翔，但是双腿长而有力，是沙漠中的奔跑能手。

## 设法散热

　　沙漠特殊的环境造就了许多动物特殊的身体特征。比如耳廓狐就能用两只大大的招风耳散热；沙漠中很多鸟类的羽毛是白色的，其实也是为了反射太阳光。

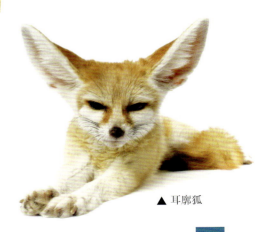

▲ 耳廓狐

# 以沙漠为家

黄沙烈日和一望无际不禁让人们将沙漠视为"生命禁区"。但在沙漠中依然有人生活,他们世代居住在沙漠中,与风沙烈日为伴,过着四处迁徙的生活。

**图阿雷格人**

图阿雷格人主要生活在北非,分为南北两部。北部人集中在纯沙漠地区,南部人生活在草原上,以饲养牛和骆驼为生。在图阿雷格人的生活中,妇女负责管理部落的几乎所有事务。

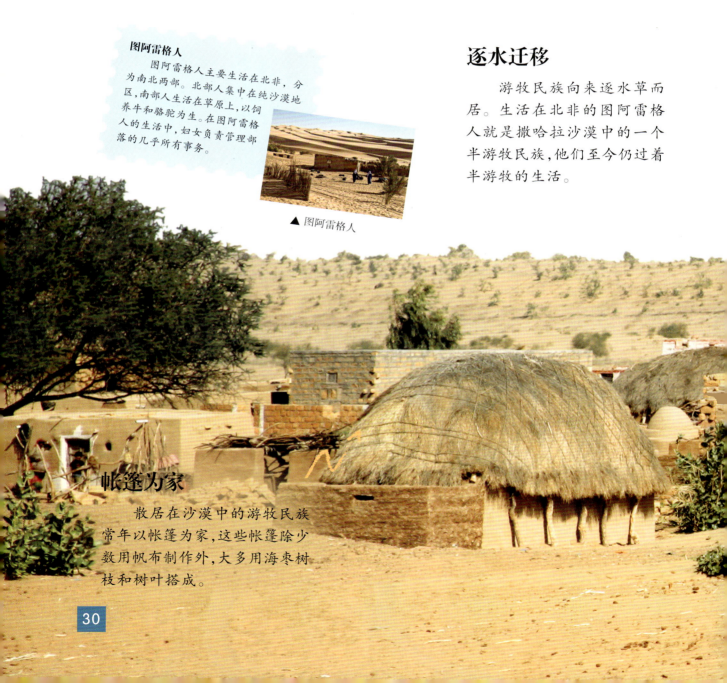

▲ 图阿雷格人

## 逐水迁移

游牧民族向来逐水草而居。生活在北非的图阿雷格人就是撒哈拉沙漠中的一个半游牧民族,他们至今仍过着半游牧的生活。

## 帐篷为家

散居在沙漠中的游牧民族常年以帐篷为家,这些帐篷除少数用帆布制作外,大多用海枣树枝和树叶搭成。

## 不同的生活

生活在非洲西北部沙漠中的柏柏尔人，主要从事的是农业和牧业。他们中有些部落冬季在低地耕种，夏季在山区草原牧羊，而另一些部落则常年放牧。

◀ 柏柏尔人

## 没有屋顶的房屋

撒哈拉沙漠中的房屋结构奇特，这里的民房只有墙壁而没有屋顶，屋顶只用树叶遮盖。这是因为沙漠中几乎无雨，而这样也利于散热。

▼ 柏柏尔人的房子

### 柏柏尔人

柏柏尔人并不是一个单一的民族，它是众多在文化和风俗上相似的不同部落的统称。他们主要居住在如今的摩洛哥、阿尔及利亚、利比亚和突尼斯等地。

31

# 文明之花

　　虽然沙漠环境恶劣,但在有河流流经的地方,荒芜的沙漠也曾经孕育出光辉灿烂的文明。古老的古埃及文明,辉煌的印度河文明,还有灿烂的楼兰古国,这些都曾是沙漠中盛极一时的文明。

## 罗布泊

　　罗布泊位于新疆维吾尔自治区东南部,这里曾是我国西北干旱地区中最大的湖泊,楼兰人在这里创造了辉煌耀眼的古楼兰文明。

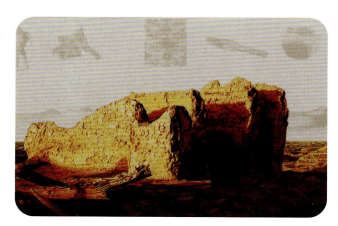

▲ 楼兰故城遗址

### 楼兰故城

　　楼兰故城是西域古城遗址,曾经是丝绸之路必经之地,地处新疆若羌罗布泊西北。后来因为所在的罗布泊水域萎缩,生存环境日益恶劣,楼兰故城最终被遗弃。

## 古埃及文明

　　虽然尼罗河流域周围是沙漠地带,但它却滋养孕育出了灿烂辉煌的古埃及文明,金字塔就是这一文明的代表。

▶ 金字塔

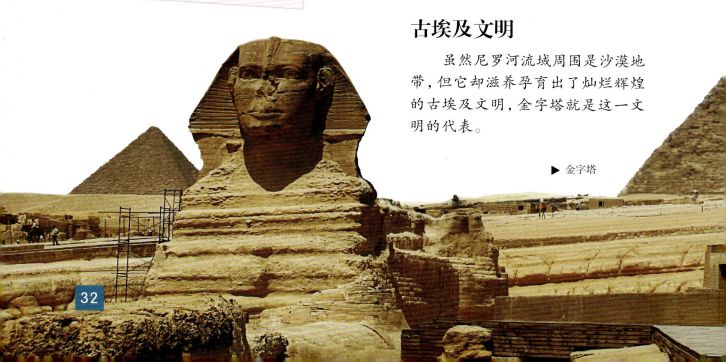

## 原住民的生活

卡拉哈里沙漠里的居民主要以游猎、采集为生，他们采集植物的块根、果实维持生活，靠原始的弓箭、麻醉性植物的汁液狩猎。

▲ 原住民的生活

### 神秘的古国

埃勃拉是西亚一个古国，在今天的叙利亚北部沙漠中。它的名字在两河流域和古埃及的文献中多次出现。在公元前2000年左右，埃勃拉古国退出历史舞台。

## 印度河流域文明

印度河流域的下游部分实际上是一片沙漠，发源于印度河流域的古印度文明，在这片沙漠中达到鼎盛。

33

# 矿产资源

　　石油是人类生活和发展不可或缺的资源。随着科技的发展，人们不仅在沙漠中发现了石油，还发现了铁、铜、锰、盐和芒硝等丰富的矿藏，这都是现代社会发展不可缺少的资源。

## 不可再生的石油

　　石油是一种不可再生能源，主要被用作燃油和汽油，也是化肥和塑料等的制作原料。石油因价值高昂，又被称为"黑色金子"。

◀ 开采石油

## 沙漠下的宝藏

　　非洲大陆有不少地方都是沙漠，这些沙漠地下有着丰富的矿产资源，比如铁、铜、铀、锰等。

**沙特阿拉伯**
　　沙特阿拉伯是海湾地区的重要国家之一，国土面积有一半被沙漠覆盖，而沙漠底下就蕴藏着储量惊人的石油。它是全球最大的石油出口国，该国因为石油而成为海湾地区最富有的国家之一。

## 盛产石油

阿拉伯半岛的海湾地区是世界上最有名的石油盛产地。在海湾附近的沙漠里就蕴藏着大量的石油,周边国家就是靠石油出口迅速发展起来的。

▶ 阿拉伯半岛的海湾

## 金刚石矿床

在古老的纳米比沙漠沙丘下蕴藏着许多珍贵的矿藏,如钨、盐等,还有丰富的金刚石矿床。

### 海湾地区

海湾地区就是波斯湾地区。这里有大片区域都被沙漠覆盖,这里是世界上石油储藏量最为丰富的地区,有"世界油库"之称,储油量占了全球储油量的一半以上。

### 金刚石

金刚石是一种由碳元素组成的矿物,也是我们通常所说的钻石的原身。它是目前在地球上发现的众多天然矿物中最坚硬的物质,因此也时常被用作工艺品和工业生产中的切割工具。

# 开发与利用

　　茫茫的大沙漠，给人的感觉除了漫天的风沙，似乎再没有其他的东西了。然而，沙漠并非表面这样贫瘠得一无所有，人们已发现，沙漠中尚有许多未被利用的东西。

### 电能

　　电能是一种能量，它能以各种形式转化出去，为我们的生产、生活提供便利。比如用电带动榨汁机，将它转化为转动刀片的机械能，刀片削切、压磨水果，就能榨出美味的果汁。

▲ 沙漠风力发电

## 风能

　　沙漠里风力强劲，能量巨大。现在沙漠地区已经建起不少风力发电站，沙漠里的风终于也有了"用武之地"。

## 丰富的太阳能

　　沙漠拥有充足的太阳能资源，人们利用这一特点，在沙漠中设置了大量的反射镜，将太阳光聚集到一起来发电。

## 制氢

在沙漠地区,可利用太阳能电解水以制取氢气,电解得到的氢气可作为电池的燃料,也可用作其他用途。

### 电解水

氢气是一种清洁能源,可以在一定条件下与氧气结合,燃烧并释放出大量能量。水被直流电电解,生成氧气和氢气的过程,叫电解水,这是一种获取氢燃料的新方式。

## 实验场地

沙漠地区地广人稀,是进行一些大型试验的绝佳场所。一些国家在沙漠的中心地带进行核试验,这可以减少实验带来的危害。

### 秘密基地

1964 年 10 月 16 日,在新疆罗布泊,我国自行研制的第一颗原子弹成功爆炸。此后我国的多项重大实验也都在这片沙漠获得成功。

◀ 蘑菇云

▼ 沙漠太阳能

# 沙尘暴之困

　　沙尘暴是沙暴和尘暴的总称，它一般发生在沙漠等干旱和半干旱地区。狂风挟带着沙尘，遮天蔽日，这是沙尘暴的最大特点。在我国，沙尘暴主要集中在西北部和北部地区。

## 形成原因

　　形成沙尘暴的根本原因是气候干燥。在沙漠中，沙地上的空气变热上升后，较冷的空气会迅速填充，由此形成强风，强风使沙尘移动，就会形成沙尘暴。

## 气象特点

　　沙尘暴是指强风将地面大量沙尘吹起后，导致空气混浊、水平能见度小于1000米的天气现象。水平能见度如果小于500米，则被称为强沙尘暴。

### 沙尘暴天气

　　沙尘暴是一种严重的风沙天气，大多发生在冬季和春季。不只沙漠地区，一些大城市也常有沙尘天气。沙尘天气来临时，空气会异常混浊，不少人常常会因此而患上各种呼吸道疾病。

**尘暴与沙暴**

　　沙尘天气分为浮尘、扬沙、沙尘暴、强沙尘暴四种类型。尘暴指的是大风把大量尘埃以及其他较细小的颗粒物卷入高空，所形成的风暴；沙暴指的是大风把大量沙粒吹到近地面的空中，所形成的挟带有沙粒的风暴。

▲ 沙尘暴气象符号

## 带来的危害

　　沙尘暴首先会使空气受到严重污染，大的沙尘暴可摧毁建筑物及公用设施，造成人、畜死亡，对交通运输安全造成严重危害。

## 可用之处

　　沙尘暴并不是全无用处，它也是地球生态系统不可或缺的一环。比如，澳大利亚的红色沙尘暴中所携带的大量铁质，就是南极海洋浮游生物重要的营养来源。

39

# 沙漠化难题

沙漠化是指原来由植物覆盖的土地变成不毛之地的一种自然灾害现象。导致沙漠化的原因有自然原因，也有人为原因。全球沙漠化问题日趋严重，已经危害到人类的生存。

## 影响因素

气候的变化会导致局部地区沙漠化，但当前各地沙漠化问题主要还是人为因素造成的。人口急速增长，过度耕种以及放牧，加快了土地的沙漠化。

### 美索不达米亚

美索不达米亚位于西亚的幼发拉底河、底格里斯河流域（即两河流域）。这里是人类的文明发祥地之一，著名的古巴比伦文明就诞生于此。

## 前车之鉴

美索不达米亚地区是世界最早的文明发祥地之一，过度的农业活动导致该地区的植被破坏、水土流失，肥沃的土地变成荒漠。

## 世界难题

　　沙漠化使得土地滋生能力退化，农牧生产能力及生物产量下降，也让可用的耕地和牧场面积大大减少，这些都对人类的生存带来了巨大威胁。

## 面临的危机

　　我国是世界上沙漠化最严重的国家之一，沙漠化问题不容小觑。如果不能采取及时补救措施，将会产生更严重的后果。

### 扩张的沙漠

　　撒哈拉沙漠的北部，居民以游牧或放牧为生，羊和骆驼吃光了草，土地失去植被的保护，裸露在外；而南部地区因过度耕作，也逐渐荒芜。这些原因导致撒哈拉沙漠仍在不断扩大。

# 治理沙漠

　　当前，世界土地沙漠化现象越来越严重，已经对人类的生存构成了极大的威胁，沙漠的治理也已成为世界关注的问题。我国土地沙漠化现象非常严重，沙漠治理已刻不容缓。

## 退耕退牧

　　在沙漠地区鼓励和引导当地居民退耕退牧，是对容易水土流失的耕地、容易沙漠化的草地进行有效保护、预防沙漠化的有效措施。

### 防护林

　　防护林是为了保持水土、防风固沙、调节气候、减少污染所建造的天然林和人工林，主要目的是防御自然灾害、改善环境、保护生态平衡。防护林在当前的沙漠化治理中发挥着重要作用。

## 植树造林

　　退耕退牧、停耕停牧还远远不够，在容易沙漠化的土地上植树种草，让这些土地重新变绿，让植物来防风挡沙是治理沙漠的重要手段。

▶ 种植防护植物

## 我国的应对措施

我国目前主要采取了防沙固沙、草地治理等措施，同时还研究推广各种适合干旱、半干旱沙地的优良树种和草种。

### 光伏扬水系统

在沙漠里，如何省水、节水也是一个难题。21世纪初，一项名为光伏扬水系统的技术开始应用到沙漠治理中。它利用太阳能直接带动机械扬水灌溉，节省能源的同时也节约了水资源。

## 从身边做起

近年来，沙尘暴屡屡爆发，这并非因为人工林太少，而是因为原有的森林、草原等天然植被破坏严重。小环境的改善，抵消不了大环境的逆变。要治理沙漠，我们首先要从爱护每一棵花草树木做起。

**图书在版编目（CIP）数据**

我的第一套视觉百科. 沙漠/ 张功学主编. -- 西安：
未来出版社，2017.12
ISBN 978-7-5417-6438-7

Ⅰ. ①我… Ⅱ. ①张… Ⅲ. ①科学知识—少儿读物②
沙漠—少儿读物 Ⅳ. ①Z228.1②P941.73-49

中国版本图书馆 CIP 数据核字（2017）第 317277 号

# 我的第一套视觉百科
WO DE DIYI TAO SHIJUE BAIKE

## 沙漠
SHAMO

| | |
|---|---|
| 主　　编 | 张功学 |
| 丛书统筹 | 魏广振 |
| 责任编辑 | 雷露深 |
| 美术编辑 | 许　歌 |
| 出版发行 | 陕西新华出版传媒集团　未来出版社 |
| 地　　址 | 西安市丰庆路 91 号　邮编：710082 |
| 电　　话 | 029-84288458 |
| 开　　本 | 889 mm × 1194 mm　1/16 |
| 印　　张 | 3 |
| 字　　数 | 60 千 |
| 印　　刷 | 陕西金和印务有限公司 |
| 版　　次 | 2018 年 4 月第 1 版 |
| 印　　次 | 2018 年 4 月第 1 次印刷 |
| 书　　号 | ISBN 978-7-5417-6438-7 |
| 定　　价 | 19.80 元 |

**版权所有　侵权必究**